桉恺绘本馆

垃圾分类知多少？

# 厨余垃圾（湿垃圾）之植物

林晓慧◎编著 张子剑◎编绘

U0305441

北方妇女儿童出版社

·长春·

暑假里，小男孩儿家里的阳台上，种满了花花草草。

它们沐浴着热情的阳光，争先恐后地生长。

餐桌上，摆放着一束娇嫩的鲜花。

花朵沾着晶莹的露珠，绽放出迷人的笑脸。

有一天，妈妈拖着行李箱，准备出差去。

"儿子，这几天妈妈不在，你记得给花草们浇水哟！"她叮嘱道。

"好，包在我身上！"
正在玩积木的小男孩儿，拍拍胸脯，一口答应了下来。
说完，他又赶紧埋下头，继续搭建"高楼大厦"。

5

夏天的太阳火辣辣。

它就像一个大烤箱，快把大地烤焦了。

小男孩儿待在空调房里玩耍，丝毫感觉不到户外的炎热。

妈妈离开没多久，他就把给花浇水的事情抛到了九霄云外。

阳台里的绿萝，伸出翠绿的叶子，大口喘着粗气。

"太热了！"它难受地喊道。

"唉，好口渴啊……"
　五颜六色的花，躲在长
长的叶子底下，唉声叹气。

"这小主人也真是的，都不给我们一点儿水喝！"

文竹顶着蓬松的"头发"，心里闷得慌，忍不住吐槽。

渐渐地，绿萝的叶子卷了起来，颜色也由翠绿变成浅黄。

兰花的花瓣垂下了头，叶子开始发黑，
一副无精打采的样子。

文竹的茎秆变得枯黄，叶片也
口渴难耐，显得干巴巴。

桌面上的鲜花也枯萎了，
脸上出现了一道道"皱纹"。

14

终于，妈妈回家的日子到了。

直到这天上午，小男孩儿才突然想起给花浇水的事。

他急忙跑到阳台，见到枯萎的花草，顿时傻了眼。

15

小男孩儿急得直掉眼泪，懊悔地说："呜呜，这可怎么办呀？我把花草都养坏了！"

等妈妈回到家，小男孩儿难过地说："妈妈，对不起！我忘记给花草浇水了……"

17

妈妈摸了摸小男孩儿的头，说："知错就改就是好孩子。让我们一起清理枯萎的花草吧！"

得到妈妈的原谅，小男孩儿擦干眼泪，露出了笑脸。

18

于是，小男孩儿和妈妈一起，将花瓶里的干枯鲜花和阳台的枯枝败叶收集起来，放进垃圾袋。

妈妈提着大垃圾袋，小男孩儿提着小垃圾袋，一起下了楼。

小男孩儿心想：枯萎的花草很干燥，应该属于"干垃圾"。

干垃圾

他走到"干垃圾"
的垃圾桶跟前，准备
将垃圾扔进去。

忽然，袋子里干枯的鲜花奄奄一息地说："等一等……"

枯花用尽最后一丝力气，对小男孩儿说："落红不是无情物，化作春泥更护花。"

"它说的是，枯萎的花朵能融进泥土里，给别的植物当肥料！"妈妈解释道。

枯枝们一听，也拼命喊道："对，我们虽然枯萎了，但还有价值呢！"

枯黄的叶子点点头，说："枯叶也和厨房里的垃圾一样，很快就会腐烂分解。"

24

　　原来，在大自然中，凋谢的花朵、干枯的树枝和枯萎的树叶，一般都会飘落进泥土里。

　　等它们都腐烂之后，土壤会变得更有营养，土里的植物也会长得更加茂盛。

小男孩儿思考了一会儿，说："我明白了，枯枝和枯花都属于'厨余垃圾'，也就是'湿垃圾'。"

妈妈点点头，露出了欣慰的笑容。

小男孩儿打开垃圾袋，将里面的植物，
轻轻倒进了"湿垃圾"的垃圾桶里。

湿垃圾

图书在版编目（CIP）数据

厨余垃圾（湿垃圾）之植物 / 林晓慧编著 ; 张子剑
编绘 . -- 长春 : 北方妇女儿童出版社 , 2021.1
（垃圾分类知多少？）
ISBN 978-7-5585-4684-6

Ⅰ . ①厨… Ⅱ . ①林… ②张… Ⅲ . ①垃圾处理—儿
童读物 Ⅳ . ① X705-49

中国版本图书馆 CIP 数据核字 (2020) 第 182178 号

## 垃圾分类知多少？　　厨余垃圾（湿垃圾）之植物

LAJI FENLEI ZHI DUOSHAO　CHUYU LAJI (SHILAJI) ZHI ZHIWU

出 版 人：刘　刚
策 划 人：师晓晖
责任编辑：陶　然　刘聪聪
封面设计：晴晨时代
开　　本：889mm×1194mm　1/16
印　　张：2
字　　数：50 千字
版　　次：2021 年 1 月第 1 版
印　　次：2021 年 1 月第 1 次印刷
印　　刷：北京天恒嘉业印刷有限公司
出　　版：北方妇女儿童出版社
发　　行：北方妇女儿童出版社
地　　址：长春市龙腾国际出版大厦
电　　话：总编办　0431-81629600
　　　　　　发行科　0431-81629633

定　　价：36.80 元